Сергей Сартин
Ирина Маховых
Мария Литвиненко

Система прогнозирования и мониторинга весеннего половодья на реке Ишим

AF135559

Сергей Сартин
Ирина Маховых
Мария Литвиненко

Система прогнозирования и мониторинга весеннего половодья на реке Ишим

с применением данных ДЗЗ

LAP LAMBERT Academic Publishing

Impressum / **Выходные данные**

Bibliografische Information der Deutschen Nationalbibliothek: Die Deutsche Nationalbibliothek verzeichnet diese Publikation in der Deutschen Nationalbibliografie; detaillierte bibliografische Daten sind im Internet über http://dnb.d-nb.de abrufbar.

Alle in diesem Buch genannten Marken und Produktnamen unterliegen warenzeichen-, marken- oder patentrechtlichem Schutz bzw. sind Warenzeichen oder eingetragene Warenzeichen der jeweiligen Inhaber. Die Wiedergabe von Marken, Produktnamen, Gebrauchsnamen, Handelsnamen, Warenbezeichnungen u.s.w. in diesem Werk berechtigt auch ohne besondere Kennzeichnung nicht zu der Annahme, dass solche Namen im Sinne der Warenzeichen- und Markenschutzgesetzgebung als frei zu betrachten wären und daher von jedermann benutzt werden dürften.

Библиографическая информация, изданная Немецкой Национальной Библиотекой. Немецкая Национальная Библиотека включает данную публикацию в Немецкий Книжный Каталог; с подробными библиографическими данными можно ознакомиться в Интернете по адресу http://dnb.d-nb.de.

Любые названия марок и брендов, упомянутые в этой книге, принадлежат торговой марке, бренду или запатентованы и являются брендами соответствующих правообладателей. Использование названий брендов, названий товаров, торговых марок, описаний товаров, общих имён, и т.д. даже без точного упоминания в этой работе не является основанием того, что данные названия можно считать незарегистрированными под каким-либо брендом и не защищены законом о брендах и их можно использовать всем без ограничений.

Coverbild / Изображение на обложке предоставлено: www.ingimage.com

Verlag / Издатель:
LAP LAMBERT Academic Publishing
ist ein Imprint der / является торговой маркой
OmniScriptum GmbH & Co. KG
Heinrich-Böcking-Str. 6-8, 66121 Saarbrücken, Deutschland / Германия
Email / электронная почта: info@lap-publishing.com

Herstellung: siehe letzte Seite /
Напечатано: см. последнюю страницу
ISBN: 978-3-659-49348-5

Содержание

Введение

Данная монография представляет собой результаты работы по созданию аналитической модели прогноза весеннего разлива реки Ишим. Модель основана на статистических данных с гидрологических постов и метеостанций. Модель включает в себя расчет коэффициента стока, построение многолетнего гидрографа половодья, графические зависимости объема стока от основных факторов на него влияющих и зависимости уровней подъема воды от объема стока.

Наводнения, вызванные весенним, либо весенне-летним половодьем, отмечаются на реках практически во всех регионах Казахстана. Наибольший ущерб приносят наводнения на реках Иртыш, Урал, Тобол, Ишим, Нура, Эмба, Тургай и др., а также на многочисленных их притоках [1].

На равнинных реках и временных водотоках резко выделяется волна весеннего половодья продолжительностью обычно до месяца, формирующаяся преимущественно за счет таяния сезонного снежного покрова. Максимальные расходы воды при высоких половодьях в десятки, сотни и даже тысячи раз превышают меженные. Амплитуда колебаний уровня воды составляет несколько метров. Иногда за сутки уровень воды поднимается на 2,5-3,5 м [2].

Река Ишим берет начало на северной окраине Казахского мелкосопочника в горах Нияз Карагандинской области и впадает в реку Иртыш на территории России. Общая длина реки 2450 км, площадь водосбора 177 000 км^2. Площадь бассейна реки в пределах Казахстана 116505,9 км^2, (результаты измерения по снимкам с UK DMC2 с пространственным разрешением 22 м).

Основным районом питания является территория Акмолинской области, где Ишим принимает главные свои притоки: Калкутан и Жабай. В пределах Северо-Казахстанской области впадают притоки Акканбурлык и Иманбурлык. Ниже впадения р. Иманбурлык река, выходя на Западно-Сибирскую низменность, вплоть до самых низовьев, не имеет притоков. Значительная доля площади бассейна является недействующей. Для гидрографической сети рассматриваемой территории характерны малые уклоны рек, наличие на водораздельных пространствах многочисленных замкнутых понижений, бессточных в средние и маловодные годы; в многоводные годы эти понижения переполняются талой водой и участвуют в питании реки. Многолетнее глубокое регулирование стока реки Ишим осуществляется двумя водохранилищами: Вячеславским ($W_{полез}$ =375,4 млн. м^3) и Сергеевским ($W_{полез}$ =635 млн. м^3) [3].

Для территории бассейна реки Ишим характерен резко континентальный климат. Для теплых месяцев характерны высокие температуры воздуха, для холодных - суровая зима. В течение года осадков выпадает от 250 до 350 мм. Около 25-40% годовой суммы осадков приходится на холодный период. Устойчивый снежный покров наблюдается ежегодно. Зимние осадки являются основным источником питания рек бассейна. Дождевые осадки только незначительно добавляют снеговое питание в период половодья. Осадки осеннего периода обуславливают степень увлажненности водосборов и оказывают лишь косвенное значение на весенний сток. Подземное питание невелико [3].

Ишим характеризуется большой изменчивостью годового стока (наибольшие среднегодовые расходы воды превышают средние многолетние в десятки раз) и крайней неравномерностью внутригодового распределения стока (85 – 98 % годового стока приходится на весну) [3]. Это затрудняет разработку метода прогноза объема весеннего половодья и его максимального уровня и снижает точность прогнозов.

1 Вычисление коэффициента стока

Для того чтобы предугадать, как поведет себя река в будущем, необходимо проанализировать статистику прохождения половодий за прошлые годы. Это делается, прежде всего, затем, чтобы узнать, какая часть талых вод теряется и не попадает непосредственно в реку. Величина, показывающая, какое количество осадков идет на формирование стока называется коэффициентом стока. Рассчитывается он как отношение величины стока к величине, выпавших на площадь водосбора осадков (в том числе снега), обусловивших возникновение этой порции стока.

Для того чтобы рассчитать коэффициент стока необходимо вычислить предполагаемый объем стока, который складывается из талых вод и осадков периода снеготаяния и сопоставить полученную величину с фактическим объемом стока измеренным на гидропостах. С этой целью по архивным материалам метеостанций [4] были восстановлены такие параметры как количество осадков, высота и плотность снега, рассчитан влагозапас снежного покрова.

Основным источником информации о гидрологических характеристиках реки Ишим и ее притоков послужила опорная сеть постов Казгидромета [5]. Вычисления проводились по 9 гидропостам за период с 2000 по 2012 годы. На гидрологических постах ежедневно выполняются измерения уровней и расходов воды. Зная ежедневный расход воды в данном пункте, можно рассчитать, какое количество воды проходит через него за период половодья, т.е. определить фактический объем стока.

По каждому гидропосту была найдена величина коэффициента стока, затем она была усреднена по всему бассейну. Схема расположения постов приведена на рисунке 1, а названия и площади водосборов в таблице 1.

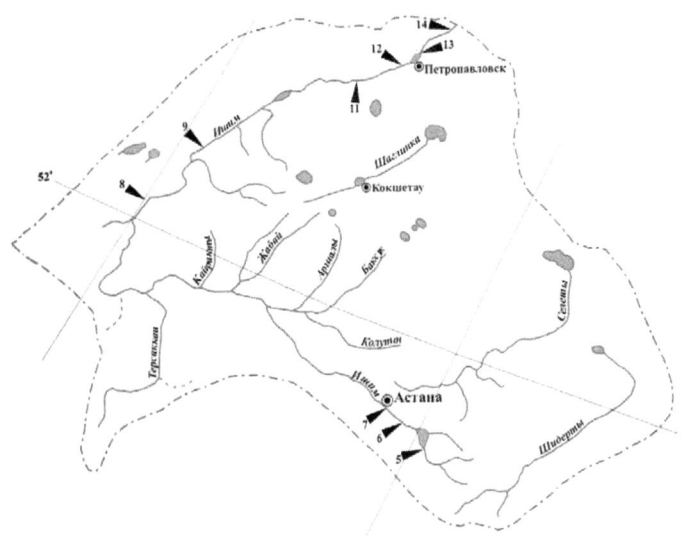

Рисунок 1 - Схема расположения гидрологических постов

Таблица 1 - Список постов

№	Название поста	Площадь водосбора (км^2)
5	р.Ишим-с.Тургеневка	3240
6	р.Ишим-с.Волгодоновка	5400
7	р.Ишим-г.Астана	7400
8	р.Ишим-с.Каменный Карьер	86200
9	р.Ишим-с.Западное	90000
11	р.Ишим-с.Покровка	115000
12	р.Ишим-с.Новоникольское	117000
13	р.Ишим-г.Петропавловск	118000
14	р.Ишим-с.Долматово	142000

Р.Ишим - с.Тургеневка. Пост расположен в 1,5 км к юго-востоку от села. Прилегающая местность - всхолмленная степная равнина. Долина реки трапецеидальная, шириной 1-1,5 км, склоны ее сливаются с прилегающими холмами. Растительность ковыльно-типчаковая.

9

Пойма двухсторонняя, ровная, луговая, шириной 1 км, заливается при уровне 470 см над нулем поста. Русло прямолинейное, песчано-галечное, слабодеформирующееся. Берега высотой 4-5 м, правый - крутой (35-40^0), левый - пологий (20-25^0), местами обрывистый, заросший луговой растительностью и кустарником, местами встречаются выходы горных пород. Пост свайного типа, расположен на левом берегу. Отметка нуля поста 418,12 м БС. Расходы измеряются с моста. В межень расходы воды измеряются на временных створах, расположенных ниже поста. Учет стока полный. Площадь водосбора F=3240 км^2. Основные данные для расчета коэффициента стока предоставлены в таблице 2.

Таблица 2 - Основные статистические данные по гидропосту

год	Высота снежного покрова (см)	Запас воды в снежном покрове S (мм)	Осадки в период снеготаяния x(мм)	Объем стока (без учета потерь) W_1*10^3 (м^3)	Объем стока (факт.) W_2*10^3 (м^3)	Коэффициент стока W_2/W_1
2001	27	60	78	445176	71798	0,161280033
2002	18	36	49	275400	52712	0,191401598
2003	31	62	75	443880	41766	0,094092998
2004	17	44	89	431568	130943	0,303412209
2005	17	43	151	562140	106592	0,189618245
2006	16	40	112	492480	8052	0,016349903
2007	17	43	151	626940	102297	0,163168724
2008	13	32	136	545940	47908	0,087753233
2009	18	45	120	534600	37402	0,069962589
2010	30	75	99	563760	127017	0,225303321

Усредняя по всем годам получаем коэффициент стока (к.с.) = 0,15023

Р. Ишим - с. **Волгодоновка.** Пост расположен на северной окраине села. Прилегающая местность - холмистая степная. Долина реки трапецеидальная, беспойменная, правобережная часть долины представлена цепью тянущихся вдоль реки возвышенностей, левобережная - плоская равнина, сливающаяся с прилегающей местностью, имеются выходы коренных пород. Пойма отсутствует.

Русло реки извилистое, на участке поста прямолинейное, глубоко врезано, левый берег высотой 6-8 м, правый - 3-4м. Дно реки песчано-галечное.

Пост свайного типа, расположен на левом берегу. Отметка нуля поста 369.80 м БС. Уровенный режим реки находится под влиянием Вячеславского водохранилища, расположенного в 10 км выше поста. Площадь водосбора $F=5400$ км^2. Основные данные для расчета коэффициента стока предоставлены в таблице 3.

Таблица 3 - Основные статистические данные по гидропосту

год	Высота снежного покрова (см)	Запас воды в снежном покрове S (мм)	Осадки в период снеготаяния x(мм)	Объем стока (без учета потерь) W_1*10^3 (м^3)	Объем стока (факт.) W_2*10^3 (м^3)	Коэффициент стока W_2/W_1
2001	27	60	78	586960	2679	0,004564
2002	18	36	49	304000	83627	0,275089
2003	31	62	75	584800	7293	0,012471
2004	17	44	89	564280	15693	0,027811
2005	17	43	151	781900	24616	0,031482
2006	16	40	112	665800	2800	0,004205
2007	17	43	151	889900	5210	0,005855
2008	13	32	136	754900	1667	0,002208
2009	18	45	120	736000	2212	0,003005
2010	30	75	99	784600	42171	0,053748

Усредняя по всем годам получаем к.с= 0,042044

Р.Ишим - г.Астана. Пост расположен в южной части города в 0,5 км на запад от городского парка. Прилегающая местность – слегка всхолмленная равнина, застроенная городскими постройками.

Русло реки извилистое, на участке поста прямолинейное, глубоко врезано, зарастает водной растительностью. Берега высотой 4-6 м, правый - крутой ($40-50^0$) облагорожен бетонными плитами, левый - пологий ($20-25^0$), местами обрывистый, застроенный, заросший кустарником и степной растительностью. Дно песчано-илистое.

В маловодные годы русло реки на перекатах перемерзает в зимний период, летом пересыхание не наблюдается из-за сбросов с Вячеславского водохранилища. Выше и ниже поста образуются заторы.

Отметка нуля поста 337,190 м БС. В 70 км выше поста сооружено Вячеславское водохранилище, оказывающее регулирующее влияние на уровенный режим. Площадь водосбора $F=7400$ км^2. Основные данные для расчета коэффициента стока предоставлены в таблице 4.

Таблица 4 - Основные статистические данные по гидропосту

год	Высота снежного покрова (см)	Запас воды в снежном покрове S (мм)	Осадки в период снеготаяния x(мм)	Объем стока (без учета потерь) W_1*10^3 (м^3)с учетом действия Вячеславского водохр.	Объем стока (факт.) W_2*10^3 (м^3)	Коэффициент стока W_2/W_1
2001	18	36	49	861760	107956,8	0,125275
2002	31	62	75	474000	16830,72	0,035508
2003	17	44	89	858800	21816	0,025403
2004	17	43	151	830680	17565	0,021145
2005	16	40	112	1128900	27993,6	0,024797

Усредняя по всем годам получаем к.с= 0,03352

Р.Ишим - Каменный Карьер. Пост расположен в 1,2 км ниже села, у северо-западной окраины пос. Щебзавода. Прилегающая местность – степная, слегка всхолмленная равнина. Долина реки V-образная. Склоны ее изрезаны оврагам, поросли типчаком, правый высотой до 15 м, умеренно крутой (до 30^0), скальный, левый – высотой до 9 м, пологий, выпуклый.

Пойма реки правобережная, шириной до 30 м, ровная, заливается при уровне 805 см над нулем поста. Растительность поймы – ковыль и терескен.

Русло реки прямолинейное, валунно-галечное, зарастает водной растительностью. Берега высотой до 8 м, крутые, суглинистые с выходом коренных пород. В 0,6 км выше поста насыпная плотина с мостовым пролетом для дороги, в половодье плотина подвергается размыву. Отметка нуля поста 201,97 м БС.

В межень расходы измеряются в 0,5 и 0,8 км выше поста. Учет стока полный. Площадь водосбора $F=86200$ км^2. Основные данные для расчета коэффициента стока предоставлены в таблице 5.

Таблица 5 - Основные статистические данные по гидропосту

год	Высота снежного покрова (см)	Запас воды в снежном покрове S (мм)	Осадки в период снеготаяния x(мм)	Объем стока (без учета потерь) W_1*10^3 (м^3) с учетом действия Вячеславского водохр.	Объем стока (факт.) W_2*10^3 (м^3)	Коэффициент стока W_2/W_1
2003	36	73	90	266003,7	160012,8	0,601544
2004	39	100	69	7740276	446400,5	0,057672
2005	33	82	120	9017926	1626661	0,180381
2006	28	113	70	8034235	52789,8	0,006571
2007	32	81	120	1373821	1931360	1,405831
2008	36	89	71	6716626	141091,2	0,021006
2009	26	65	148	9521592	59572,8	0,006257
2010	40	100	77	7656471	245047,7	0,032005

Усредняя по всем годам получаем к.с= 0,288908

Р.Ишим - с.Западное. Пост расположен на восточной окраине села, в 2 км. Ниже автодорожного моста. Прилегающая местность – степная, слегка всхолмленная равнина, покрытая травянистой растительностью. Долина реки на участке поста ящикообразная, беспойменная, склоны ее крутые, высотой 15-20 м., слаборасчлененные, суглинистые с выходом скальных пород.

Русло реки прямолинейное, глубоковрезанное, валунно-галечное, зарастает водной растительностью. Берега высотой до 20 м., крутые, суглинистые с выходом коренных пород, покрыты кустарником, устойчивые. Пост свайного типа, расположен на левом берегу. Отметка нуля поста 156,37 м БС. Площадь водосбора $F=90000$ км^2. Основные данные для расчета коэффициента стока предоставлены в таблице 6.

Таблица 6 - Основные статистические данные по гидропосту

год	Высота снежного покрова (см)	Запас воды в снежном покрове S (мм)	Осадки в период снеготаяния х(мм)	Объем стока (без учета потерь) W1*103 (м3) с учетом действия Вячеславского водохр.	Объем стока (факт.) W2*103 (м3)	Коэффициент стока W2/ W1
2001	62	138	78	10839193	-	-
2002	38	76	97	8563169	1739318,4	0,203116
2003	37	73	90	78309778	387046,08	0,004943
2004	39	81	69	8121476	933120	0,114895
2005	33	82	120	10103926	2808777,6	0,277989
2006	28	70	113	8982235	164160	0,018276
2007	32	82	121	10103926	4169664	0,412678
2008	36	89	71	6716626	343872	0,051197
2009	26	65	148	10684193	100656	0,203116
2010	40	100	77	8563169	435801,6	0,004943

Усредняя по всем годам получаем к.с= 0,154728

Р.Ишим - с.Покровка. Пост расположен на юго-западной окраине с.Покровка, у метеостанции. Долина реки трапецеидальная. Ширина долины поверху 10-12 км, по дну - 10 км. Правый склон долины крутой, высотой 10-12 м., левый – более пологий, вогнутый, высотой 8-10 м. Грунты супесчаные и суглинистые. Растительность степная с редким кустарником.

Пойма двухсторонняя, шириной 5-6 км., правобережная - ровная, сухая, заливается исключительно в многоводные годы, левобережная - заболоченная, изрезана протоками, старицами, озерами, заливается при уровне 950 см над нулем поста. Грунт поймы супесчаный, растительность - лугово-кустарниковая.

Русло реки умеренно извилистое, илисто-песчаное, устойчивое. Берега крутые, местами обрывистые, высотой 8-13 м, сложены глинами и суглинками, поросли луговой и кустарниковой растительностью.

Пост свайного типа, расположен на правом берегу. Отметка нуля поста 100,25 м усл. Площадь водосбора $F=104000$ км^2.

Основные данные для расчета коэффициента стока предоставлены в таблице 7.

Таблица 7 - Основные статистические данные по гидропосту

год	Высота снежного покрова (см)	Запас воды в снежном покрове S (мм)	Осадки в период снеготаяния х(мм)	Объем стока (без учета потерь) W_1*10^3 (м^3) (с учетом действия водоохран.)	Объем стока (факт.) W_2*10^3 (м^3)	Коэффициент стока W_2/W_1
2003	34	77	89	11002535	308880	0,028074
2004	31	130	66	10856793	647911,2	0,059678
2005	32	27	133	15574234	1778371,2	0,114187
2006	25	68	137	13966648	89078,4	0,006378
2007	32	80	137	15574234	3137961,6	0,201484
2008	29	80	72	9959704	125020,8	0,012553

Продолжение таблицы 7

год	Высота снежного покрова (см)	Запас воды в снежном покрове S (мм)	Осадки в период снеготаяния x(мм)	Объем стока (без учета потерь) W_1*10^3 (м^3) (с учетом действия водоохран.)	Объем стока (факт.) W_2*10^3 (м^3)	Коэффициент стока W_2/W_1
2009	23	64	152	15460934	93194,4	0,006028
2010	41	82	62	11767114	71712	0,006094
2011	33	72	150	17286715	271920	0,01573
2012	28	56	98	12992969	483358,4	0,037202

Усредняя по всем годам получаем к.с= 0,048741

Р.Ишим - с.Новоникольское

Гидропост в селе Новоникольское является гидропостом второго порядка и расходы воды на нем не измеряются, поэтому при расчете коэффициента стока данный пост не мог быть учтен.

Р.Ишим - г. Петропавловск. Пост расположен в нижнем бьефе плотины ТЭЦ-2. Окружающая местность - слабовсхолмленная степная равнина. Долина реки трапецеидальная. Правый склон ее высотой 35 м, очень крутой (до 75^0), рассечен глубокими оврагами, сложен глинами, открытый. Левый склон пологий, высотой 6-8 м, сливается с прилегающей местностью, порос кустарником. Пойма преимущественно левобережная, шириной 2 км, ровная, изрезана старицами, озерами, частично занята садовыми участками.

Русло реки умеренно извилистое, деформирующееся, дно русла илисто-песчаное. Пост смешанного типа, состоит из рейки и свай, находится на левом берегу. Отметка нуля поста 85,0 м усл. Уровенный режим искажен действием плотин: Сергеевского водохранилища, расположенного в 300 км выше поста, Петропавловского водохранилища - в 330 м выше поста. Площадь водосбора F=106000 км^2.Основные данные для расчета коэффициента стока предоставлены в таблице 8.

Таблица 8 - Основные статистические данные по гидропосту

год	Высота снежного покрова (см)	Запас воды в снежном покрове S (мм)	Осадки в период снеготаяния x(мм)	Объем стока (без учета потерь) W_1*10^3 (м^3) (с учетом действия водоохран.)	Объем стока (факт.) W_2*10^3 (м^3)	Коэффициент стока W_2/W_1
2000	59	77	120	14129221	73968	0,005235
2001	59	129	72	14952349	481075,2	0,032174
2002	31	27	100	12047267	3037046	0,252094
2003	34	68	89	11139035	309916,8	0,027823
2004	31	81	67	10966193	638352,8	0,058211
2005	32	80	133	15726734	2069798	0,13161
2006	24	60	135	14106648	104648	0,007418
2007	32	80	133	15726734	3419971,2	0,217462
2008	27	67	72	10048204	190425,6	0,018951
2009	22	55	149	15584434	95913,6	0,006154
2010	42	104	58	11894114	73353,6	0,006167
2011	33	82	150	17509215	247694,4	0,014147
2012	28	69	94	13076969	391647,2	0,029949

Усредняя по всем годам получаем к.с= 0,062107

Р.Ишим - с.Долматово. Пост расположен на северной окраине села. Прилегающая местность - степная равнина, местами поросшая берёзовым лесом. Долина реки трапецеидальная, шириной 2,0 - 2,5 км. Склоны переходят к реке в виде крутых (до 40 - 50°), местами обрывистых уступов, высотой 10 - 20 м.

Левобережная пойма сложена глинистыми грунтами, распахана, затопляется в исключительно высокие паводки. Правобережная пойма сложена глинистыми грунтами, луговая, изрезана старицами и оврагами, затопляется при уровне 1210 см над нулём поста.

Русло реки извилистое, неразветвлённое, шириной в межень 100 м, берега крутые, глинистые, высотой 10 - 11 м. Дно реки песчано-глинистое.

Пост свайного типа, расположен на правом берегу. Отметка нуля поста 75,83 м БС.

В межень расходы измеряются на временном створе в 2,0 км ниже поста. Площадь водосбора F=113000 км². Основные данные для расчета коэффициента стока предоставлены в таблице 9.

Таблица 9 - Основные статистические данные по гидропосту

год	Высота снежного покрова (см)	Запас воды в снежном покрове S (мм)	Осадки в период снеготаяния x(мм)	Объем стока (без учета потерь)W_1*10^3 (м³) (с учетом действия водоохран.)	Объем стока (факт.) W_2*10^3 (м³)	Коэфициент стока W_2/W_1
2001	59	129	72	14567349	-	-
2002	31	27	100	11662267	-	-
2003	34	68	89	10754035	376099,2	0,034973
2004	31	81	67	10581193	832256,6	0,078654
2005	32	80	133	15341734	1846368	0,120349
2006	24	60	135	13721648	212803,2	0,015509
2007	32	80	133	15341734	2261693	0,147421
2008	27	67	72	9663204	170337,6	0,017627
2009	22	55	149	15199434	127872	0,008413
2010	42	104	58	11509114	115603,2	0,010044

Усредняя по всем годам получаем к.с= 0,054124

Усредняя величину коэффициента стока, рассчитанную по каждому пункту наблюдения получаем для всего бассейна реки Ишим к.с = 0,104. Для равнинных рек значение величины коэффициента стока колеблется в пределе от 0,02 до 0,5. Т.о. полученное нами значение лежит в пределах указанного интервала. В дальнейшем планируется уточнение коэффициента стока путем расширения ряда наблюдательных данных и учета при расчетах предшествующего увлажнения почв бассейна.

2 Построение многолетнего гидрографа половодья

Многолетний гидрограф половодья - расчетная волна половодья в определенном створе водотока, данная определенным многолетним расходом, типовым гидрографом и соответствующим объемом. Гидрограф строится на основании данных о ежедневных расходах воды в месте наблюдения за речным стоком. На оси ординат откладывается величина расхода воды, на оси абсцисс - отрезки времени [6]. Подобные графики используются для получения информации о расходах воды в реке или другом водотоке за год, несколько лет или часть года (сезон, половодье или паводок). Многолетний гидрограф половодья рассчитан для следующих гидрологических постов: р.Ишим - с.Тургеневка, р. Есиль - с. Волгодоновка, р.Ишим - г.Астана р.Ишим - Каменный Карьер, р.Ишим - с.Западное, р.Ишим - с.Покровка, р.Ишим - г. Петропавловск, р.Ишим - с.Долматово. Для гидропоста р.Ишим - с.Новоникольское получен график изменения во времени уровня воды, т.к. расходы воды в данном пункте не измеряются. Для расчета многолетнего гидрографа половодья были собраны и систематизированы материалы с гидрологических постов Казгидромета такие как расходы и уровни воды. Расчеты гидрографов для каждого поста приведены ниже.

Р.Ишим - с.Тургеневка. Расчеты проводились за ряд наблюдений 1999-2010 гг., данные за 2000 год отсутствуют. Информация о расходах и уровнях воды приведена в таблице 10.

Р. Есиль - с. **Волгодоновка.** Расчеты проводились за ряд наблюдений 1999-2010 гг, данные за 2000 год отсутствуют. Информация о расходах и уровнях воды приведена в таблице 11.

Таблица 10 - Средние значения расхода, объем стока и уровни воды для пункта р.Ишим -с.Тургеневка

дата	Ср.расход за декаду ($м^3$ /с)	Объем стока * 10^3 ($м^3$)	Уровень воды (см)	Максимальный уровень воды (см)
1-10 апреля	25,0	21562,3	195	264
10-20 апреля	24,9	21516,7	188	220
20-30 апреля	16,9	14620,4	163	187
1-10 мая	5,6	4880,7	141	147
10-20 мая	2,9	2512,4	133	136
20-31мая	1,7	1468,7	129	131
1-10 июнь	1,0	861,6	126	127
10-20 июнь	0,9	752,8	125	127
20-30 июнь	0,8	717,0	125	127

На рисунке 2 представлен гидрограф половодья для пункта р.Ишим - с.Тургеневка.

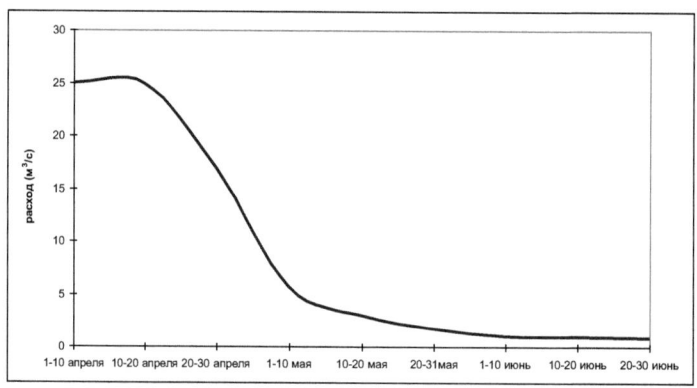

Рисунок 2 - Гидрограф половодья р.Ишим – с.Тургеневка

Таблица 11 - Средние значения расхода, объем стока и уровни воды для пункта р.Ишим -с. Волгодоновка

дата	Ср.расход за декаду (м^3/с)	Объем стока * 10^3 (м^3)	Уровень воды (см)	Максимальный уровень воды (см)
1-10 апреля	6,75	5832	138	185
10-20 апреля	3,6	3110,4	116	147
20-30 апреля	6,59	5693,76	126	155
1-10 мая	1,3	1123,2	100	108
10-20 мая	0,96	829,44	98	101
20-31мая	0,99	855,36	98	100
1-10 июнь	1,45	1252,8	103	108
10-20 июнь	1,38	1192,32	104	113
20-30 июнь	1,94	1676,16	107	108

На рисунке 3 представлен гидрограф половодья для пункта р.Ишим - с. Волгодоновка

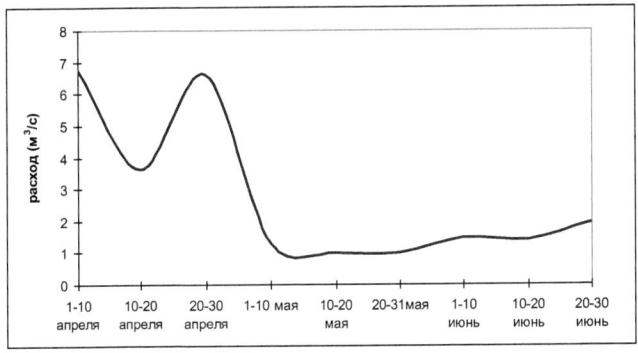

Рисунок 3 - Гидрограф половодья р.Ишим – с.Волгодоновка

Р.Ишим - г.Астана. Расчеты проводились за ряд наблюдений 1999-2005 гг, данные за 2000 г, 2006-2009 года отсутствуют. Информация о расходах и уровнях воды приведена в таблице 12.

Таблица 12 - Средние значения расхода, объем стока и уровни воды для пункта р.Ишим - г.Астана

дата	Ср.расход за декаду (м³ /с)	Объем стока * 10³ (м³)	Уровень воды (см)	Максимальный уровень воды (см)
1-10 апреля	13,6	11749,4	403	467
10-20 апреля	5,4	4668,4	401	433
20-30 апреля	7,0	6053,7	409	428
1-10 мая	3,5	3002,5	403	406
10-20 мая	2,8	2410,7	394	394
20-31мая	1,8	1561,9	396	396
1-10 июнь	2,5	2125,4	403	400
10-20 июнь	4,6	3966,3	400	406
20-30 июнь	1,3	1054,9	403	408

На рисунке 4 представлен гидрограф половодья для пункта р.Ишим - г. Астана

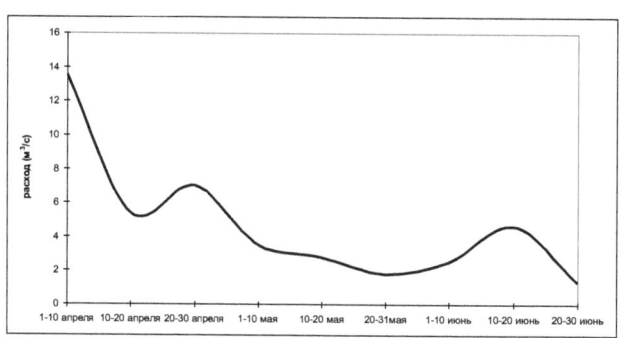

Рисунок 4 - Гидрограф половодья р.Ишим - г.Астана

Р.Ишим - Каменный Карьер. Расчеты проводились за ряд наблюдений 2003-2010 гг. Информация о расходах и уровнях воды приведена в таблице 13.

Таблица 13 - Средние значения расхода, объем стока и уровни воды для пункта р.Ишим - Каменный Карьер

дата	Ср.расход за декаду (м³/с)	Объем стока * 10^3 (м³)	Уровень воды (см)	Максимальный уровень воды (см)
1-10 апреля	41,0	35395,9	170	188
10-20 апреля	133,8	115637,8	257	381
20-30 апреля	225,4	194745,6	342	404
1-10 мая	145,4	125633,1	290	326
10-20 мая	81,1	70100,6	258	273
20-31мая	47,8	41354,0	241	250
1-10 июнь	30,4	27596,2	236	241
10-20 июнь	19,8	17109,8	235	239
20-30 июнь	14,0	12126,0	228	232

На рисунке 5 представлен гидрограф половодья для пункта р.Ишим - Каменный Карьер.

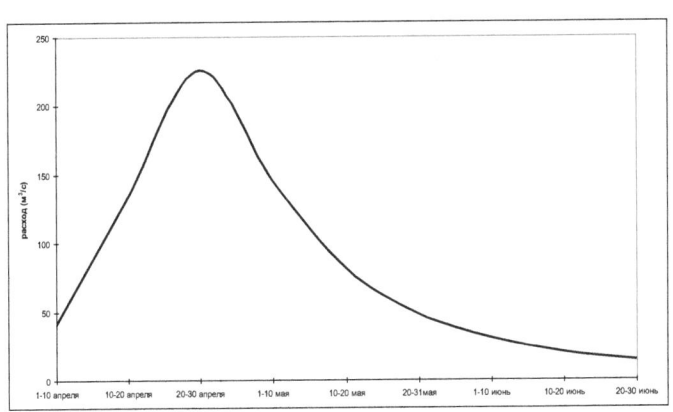

Рисунок 5 - Гидрограф половодья р.Ишим - Каменный Карьер

Р.Ишим - с.Западное. Расчеты проводились за ряд наблюдений 2001-2010 гг. Информация о расходах и уровнях воды приведена в таблице 14.

Таблица 14 - Средние значения расхода, объем стока и уровня воды для р.Ишим - с.Западное

дата	Ср.расход за декаду (м³ /с)	Объем стока * 10³ (м³)	Уровень воды (см)	Максимальный уровень воды (см)
1-10 апреля	174,8	151101,1	371	416
10-20 апреля	366,8	316963,2	444	576
20-30 апреля	428,9	370552,3	480	553
1-10 мая	200	172800	405	441
10-20 мая	117,8	101770,6	362	379
20-31мая	83,3	71988,48	338	347
1-10 июнь	52,2	45066,24	307	316
10-20 июнь	24,8	21439,3	282	294
20-30 июнь	23,1	20798,2	266	273

На рисунке 6 представлен гидрограф половодья для пункта р.Ишим - с.Западное.

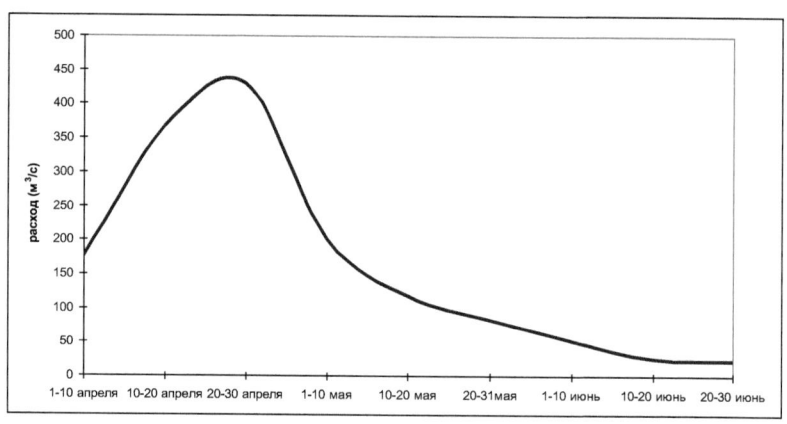

Рисунок 6 - Гидрограф половодья р.Ишим - с.Западное

Р.Ишим - с.Покровка. До 04.10.2003 г. действовал пост в 3 км выше. Уровни и расходы воды на новом и прежде действовавшем постах не увязаны, следовательно, расчеты проводились за ряд наблюдений 2003-2012 гг. Информация о расходах и уровнях воды приведена в таблице 15.

Таблица 15 - Средние значения расхода, объем стока и уровни воды для пункта р.Ишим - с.Покровка

дата	Ср.расход за декаду (м³/с)	Объем стока * 10^3 (м³)	Уровень воды (см)	Максимальный уровень воды (см)
1-10 апреля	22,69	19118,24	147	172
10-20 апреля	76,86	63938,08	244	312
20-30 апреля	254,83	218649	367	458
1-10 мая	226,63	194701	390	422
10-20 мая	148,42	127234,9	336	364
20-31мая	77,86	66645,12	269	297
1-10 июнь	42,5	36286,4	183	200
10-20 июнь	31,21	26651,84	147	155
20-30 июнь	24,56	20963,84	121	127

На рисунке 7 представлен гидрограф половодья для пункта р.Ишим – с.Покровка.

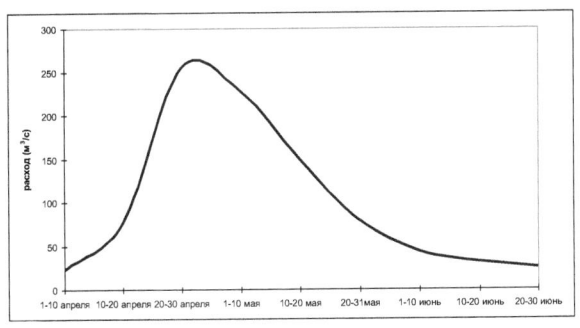

Рисунок 7 - Гидрограф половодья р.Ишим - с.Покровка

Р.Ишим - с.Новоникольское. Гидропост в селе Новоникольское является гидропостом второго порядка, поэтому расходы воды не измеряются. Показатели уровней подъема воды взяты за ряд наблюдений 2002-2010 гг., данные за 2000-2001 года отсутствуют. Все данные приведены в таблице 16.

Таблица 16 - Средние многолетние уровни воды для пункта р. Ишим - с.Новоникольское

дата	Ср.расход за декаду (м³ /с)	Объем стока * 10³ (м³)	Уровень воды (см)	Максимальный уровень воды (см)
1-10 апреля	-	-	656	673
10-20 апреля	-	-	687	741
20-30 апреля	-	-	819	915
1-10 мая	-	-	867	895
10-20 мая	-	-	804	835
20-31мая	-	-	719	769
1-10 июнь	-	-	640	665
10-20 июнь	-	-	597	617
20-30 июнь	-	-	563	576

График изменения во времени уровня воды в пункте р. Ишим - с.Новоникольское представлен на рисунке 8.

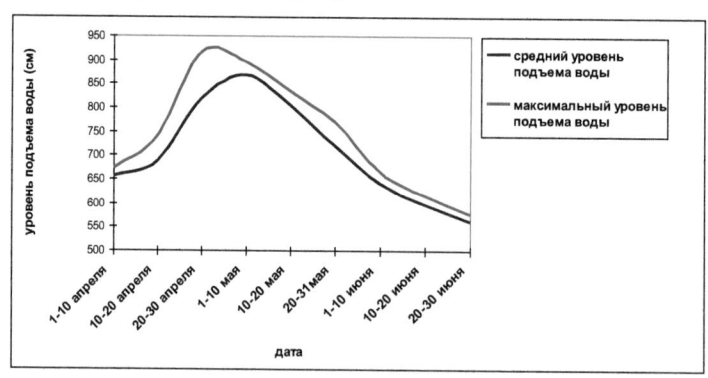

Рисунок 8 - Изменение во времени уровня воды в пункте р.Ишим - с.Новоникольское

Р.Ишим - г. Петропавловск. Расчеты проводились за ряд наблюдений 1999-2012 гг. Информация о расходах и уровнях воды приведена в таблице 17.

Таблица 17 - Средние значения расхода, объем стока и уровни воды для пункта р.Ишим - г.Петропавловск

дата	Ср.расход за декаду (м³/с)	Объем стока * 10³ (м³)	Уровень воды (см)	Максимальный уровень воды (см)
1-10 апреля	72,0	61895,0	303	325
10-20 апреля	105,7	90160,4	380	461
20-30 апреля	171,0	146332,2	481	564
1-10 мая	241,8	208018,5	502	528
10-20 мая	198,5	170745,3	474	501
20-31мая	151,3	130169,8	442	471
1-10 июнь	68,4	58661,5	358	402
10-20 июнь	42,4	36280,9	312	337
20-30 июнь	30,6	26159,9	280	299

На рисунке 9 представлен гидрограф половодья для пункта р.Ишим - г.Петропавловск.

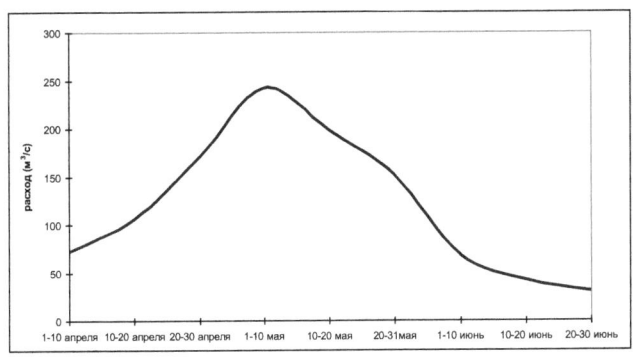

Рисунок 9 - Гидрограф половодья р.Ишим - г.Петропавловск

Р.Ишим - с.Долматово. Расчеты проводились за ряд наблюдений 1999-2010 гг., данные за 2000 год отсутствуют. Информация о расходах и уровнях воды приведена в таблице 18.

Таблица 18 - Средние значения расхода, объем стока и уровни воды для пункта р.Ишим - с.Долматово

дата	Ср.расход за декаду (м³/с)	Объем стока * 10³ (м³)	Уровень воды (см)	Максимальный уровень воды (см)
1-10 апреля	31,0	26793,6	573	600
10-20 апреля	59,8	51653,8	648	720
20-30 апреля	183,1	158237,7	740	823
1-10 мая	230,4	199053,8	794	844
10-20 мая	235,3	203311,0	785	811
20-31мая	168,4	147968,6	727	758
1-10 июнь	111,9	96695,7	653	690
10-20 июнь	78,5	67847,6	596	620
20-30 июнь	43,5	37560,7	514	567

На рисунке 10 представлен гидрограф половодья для пункта р.Ишим - с.Долматово.

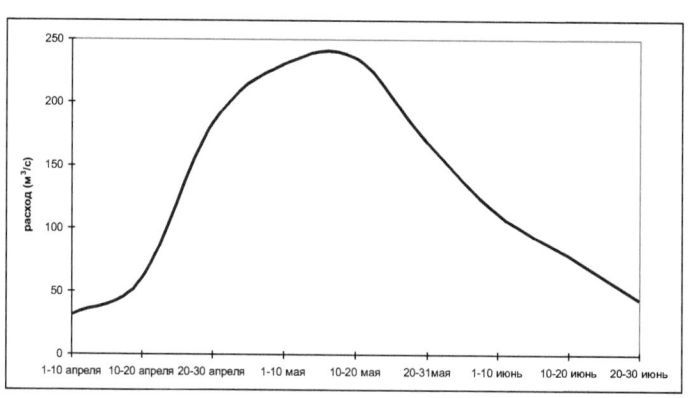

Рисунок 10 - Гидрограф половодья р.Ишим - с.Долматово

В первом из пунктов наблюдения - с. Тургеневка (верховье реки) максимум половодья приходится на первую декаду апреля, в находящихся ниже по течению Волгодоновке и Астане выделяются уже два пика половодья - это первая и третья декады апреля, причем на режим расходов и уровней в Астане оказывает воздействие расположенное выше по течению Вячеславское водохранилище. В пунктах Каменный Карьер и Западное пик половодья смещается на третью декаду апреля. Водный режим всех находящихся ниже по течению пунктов находятся под сдерживающим действием не только Вячеславского, но и Сергеевского водохранилища. В Покровке и Новоникольском максимум половодья приходится так же на третью декаду апреля. В Петропавловске и Долматово - на первую декаду мая.

Таким образом, полученные графики дают представление о формировании волны половодья и ее перемещению вниз по течению реки.

3 Графические зависимости объема стока от основных параметров на него влияющих

Основными параметрами, влияющими на объем стока являются: запас воды в снежном покрове (рассчитывается на основании данных о плотности и высоте снежного покрова), осадки периода снеготаяния, осеннее увлажнение почвы, развитие весенних процессов и уровень подъема грунтовых вод [7]. Высоту и плотность снежного покрова можно измерить непосредственно (измеряется на метеостанциях), а с осенним увлажнением дело обстоит несколько сложнее. Увлажнение территории определяется не только количеством осадков, но и испаряемостью. При одинаковом количестве осадков, но разной испаряемости, условия увлажнения могут быть различными. Для характеристики условий увлажнения можно использовать коэффициент увлажнения. Их существует около 20. В данной работе был использован гидротермический коэффициент Г.Т. Селянинова.

$$ГТК=10R/\Sigma t \qquad (1)$$

где R – месячное количество осадков;

Σt – сумма температур за месяц (близка к показателю испаряемости) [8].

Этот коэффициент был рассчитан для осени и весны (ГТКо и ГТКв) для каждого гидропоста.

В результате обработки данных с гидропостов и архивных материалов о погодных условиях была сделана попытка найти зависимость объема стока от влагозапаса в каждом пункте наблюдения (рисунки 11 -18).

Данные об объеме стока и факторах на него влияющих представлены в таблицах 19 – 26.

Таблица 19 - Объем стока и факторы на него влияющие для пункта р.Ишим - с.Тургеневка

год	Запас воды в снежном покрове S (мм)	ГТКо*100	ГТКв*100	Объем стока фактический *10^7 (м^3)
2001	60	404	156	7,2
2002	36	179	98	5,3
2003	62	178	127	4,2
2004	44	208	134	13
2005	43	253	246	10,7
2006	40	52	213	0,8
2007	43	245	262	10,2
2008	32	90	230	4,8
2009	45	166	234	3,7
2010	75	152	185	12,7

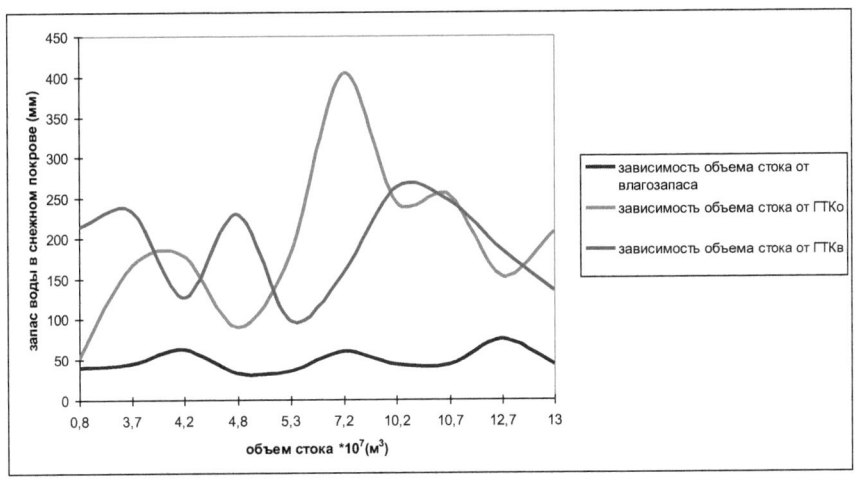

Рисунок 11 - Зависимость объема стока от запаса воды в снежном покрове и величин ГТКо и ГТКв вблизи села Тургеневка

Таблица 20 - Объем стока и факторы на него влияющие для пункта р.Ишим - с.Волгодоновка

год	Запас воды в снежном покрове S (мм)	ГТКо*100	ГТКв*100	Объем стока фактический *10^6 (м^3)
2001	60	404	156	2,7
2002	36	179	98	83,6
2003	62	178	127	7,3
2004	44	208	134	15,7
2005	43	253	246	24,6
2006	40	52	213	2,8
2007	43	245	262	5,2
2008	32	90	230	1,7
2009	45	166	234	2,2
2010	75	152	185	42,2

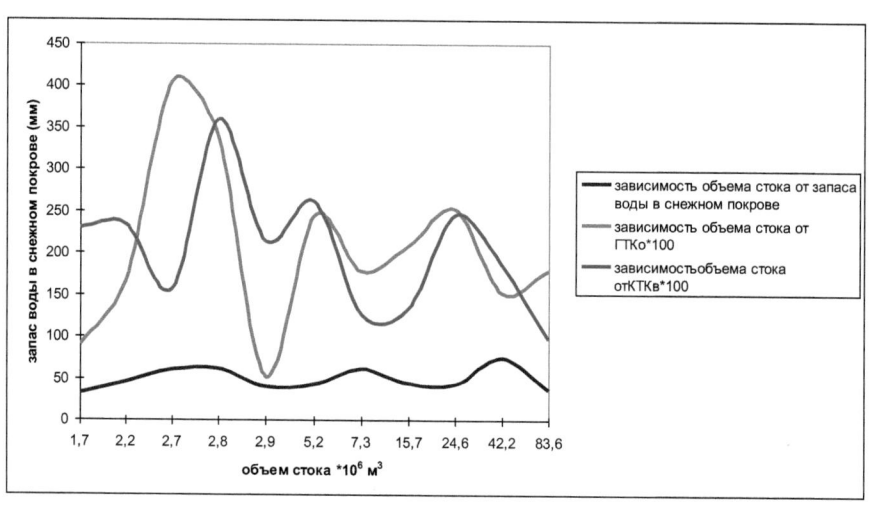

Рисунок 12 - Зависимость объема стока от запаса воды в снежном покрове и величин ГТКо и ГТКв вблизи села Волгодоновка

Таблица 21 - Объем стока и факторы на него влияющие для пункта р.Ишим - г.Астана

год	Запас воды в снежном покрове S (мм)	ГТКо*100	ГТКв*100	Объем стока фактический*10^7 (м^3)
2001	68	404	156	10,8
2002	45	179	98	1,7
2003	78	178	127	2,2
2004	43	208	134	1,8
2005	13	253	246	2,8

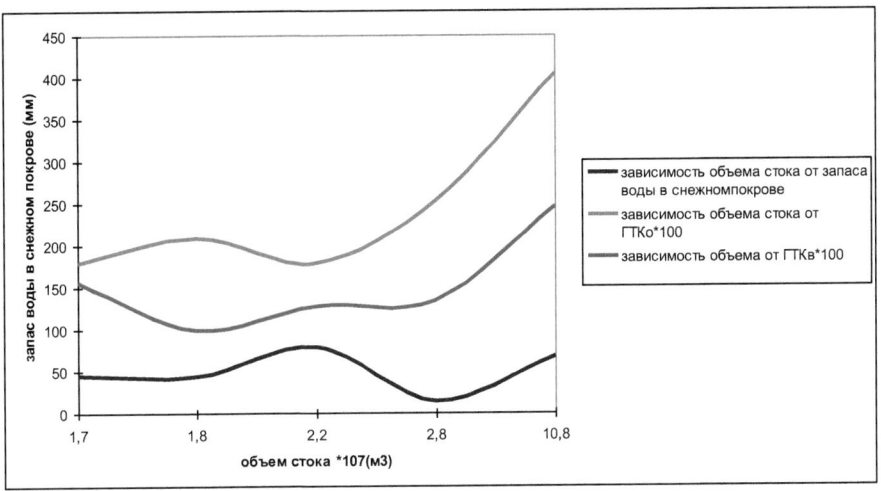

Рисунок 13 - Зависимость объема стока от запаса воды в снежном покрове и величин ГТКо и ГТКв вблизи города Астана

Таблица 22 - Объем стока и факторы на него влияющие для пункта р.Ишим - с.Каменный карьер

год	Запас воды в снежном покрове S (мм)	ГТКо*100	ГТКв*100	Объем стока фактический*10^8 (м^3)
2003	73	155	185	1,6
2004	100	223	116	4,5
2005	82	243	225	16,3
2006	113	281	225	0,5
2007	81	207	205	19,3
2008	89	256	226	1,4
2009	65	136	118	0,6
2010	100	174	287	2,5

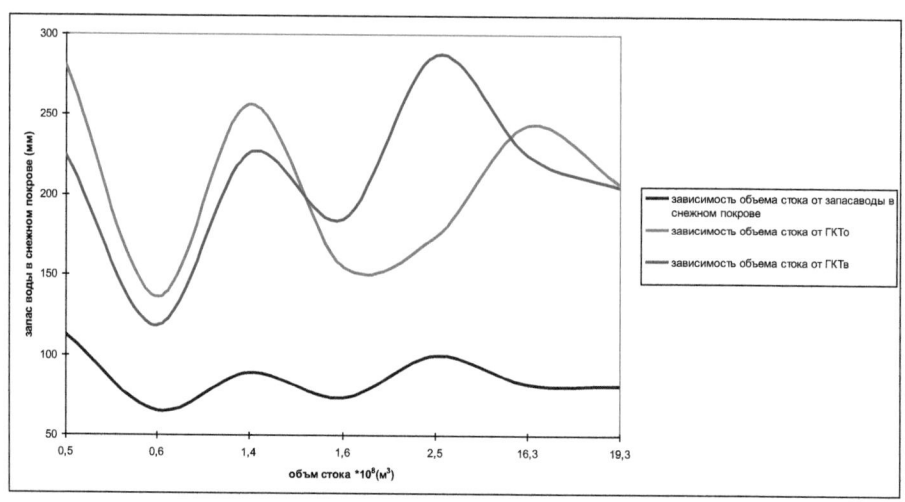

Рисунок 14 - Зависимость объема стока от запаса воды в снежном покрове и величин ГТКо и ГТКв вблизи села Каменный карьер

Таблица 23 - Объем стока и факторы на него влияющие для пункта р.Ишим - с.Западное

год	Запас воды в снежном покрове S (мм)	ГТКо*100	ГТКв*100	Объем стока фактический *10^8 (м^3)
2001	138	362	253	-
2002	76	845	238	17,4
2003	73	155	186	3,9
2004	81	223	116	9,3
2005	82	243	225	28,1
2006	70	207	205	1,6
2007	82	256	226	41,7
2008	89	136	118	3,4
2009	65	174	287	1
2010	100	171	139	4,3

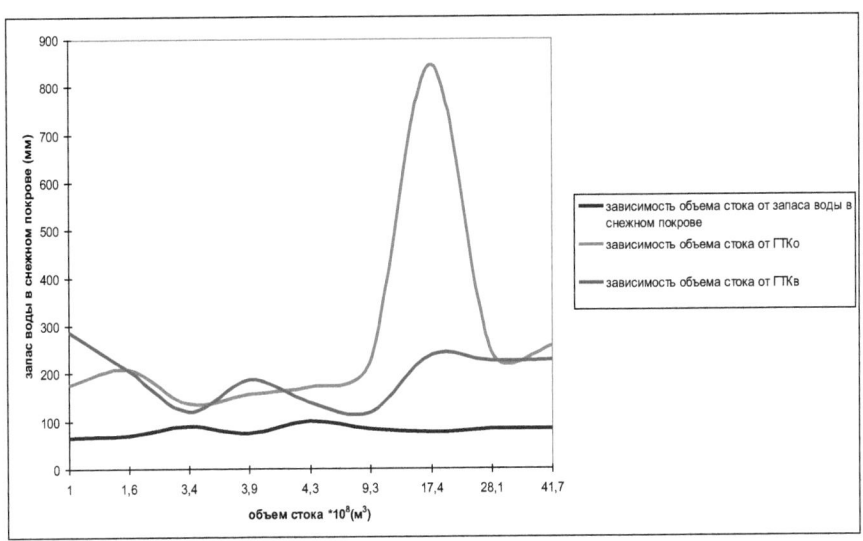

Рисунок 15 - Зависимость объема стока от запаса воды в снежном покрове и величин ГТКо и ГТКв вблизи села Западное

Таблица 24 - Объем стока и факторы на него влияющие для пункта р.Ишим - с.Покровка

год	Запас воды в снежном покрове S (мм)	ГТКо*100	ГТКв*100	Объем стока фактический*10^8(м^3)
2003	77	164	172	4,3
2004	130	185	115	7,4
2005	27	281	247	19,5
2006	68	126	254	1,4
2007	80	322	251	33
2008	80	124	127	1,6
2009	64	236	45	1,2
2010	82	168	114	1
2011	72	184	253	3,3
2012	56	239	129	5,4

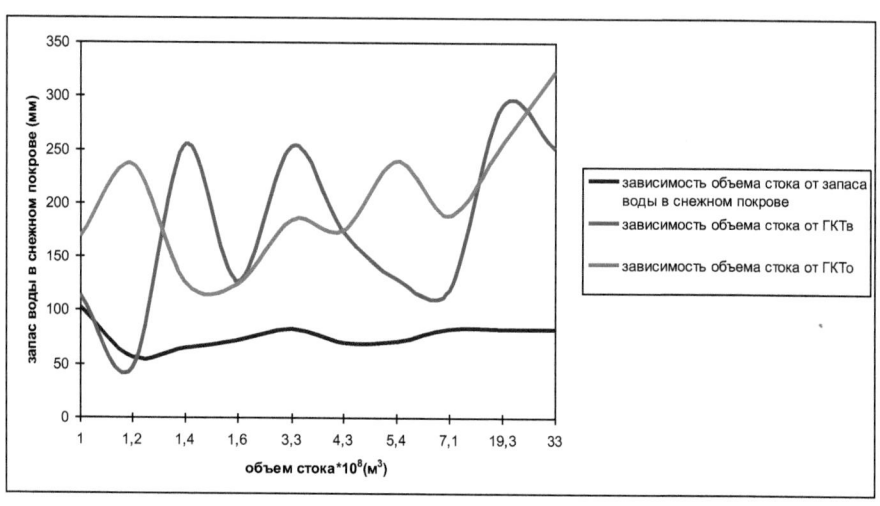

Рисунок 16 - Зависимость объема стока от запаса воды в снежном покрове и величин ГТКо и ГТКв вблизи села Покровка

Таблица 25 - Объем стока и факторы на него влияющие для пункта р.Ишим - г. Петропавловск

год	Запас воды в снежном покрове S (мм)	ГТКо*100	ГТКв*100	Объем стока фактический*10^8 (м^3)
2000	77	324	224	8
2001	129	445	117	5,6
2002	27	151	256	33
2003	68	164	173	4,5
2004	81	185	115	7,1
2005	80	281	247	24,3
2006	60	176	252	1,5
2007	80	311	243	38
2008	67	133	128	2,5
2009	55	230	288	1,3
2010	104	160	103	1
2011	82	177	254	3,5
2012	69	223	124	4,5

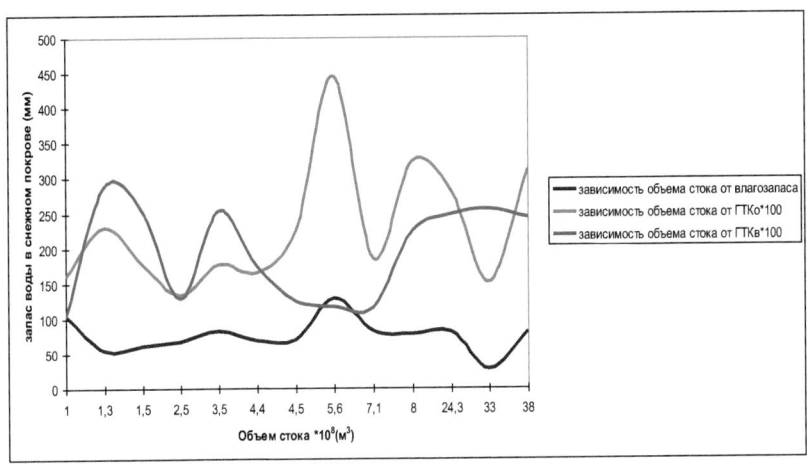

Рисунок 17 - Зависимость объема стока от влагозапаса и величин ГТКо и ГТКв вблизи города Петропавловск

Таблица 26 - Объем стока и факторы на него влияющие для пункта р.Ишим - с.Долматово

год	Запас воды в снежном покрове S (мм)	ГТКо*100	ГТКв*100	Объем стока фактический *10^8 (м^3)
2001	129	445	117	-
2002	27	151	256	-
2003	68	164	173	3,8
2004	81	185	115	8,3
2005	80	281	247	18,5
2006	60	176	252	2,1
2007	80	311	243	22,6
2008	67	133	128	1,7
2009	55	230	288	1,3
2010	104	160	103	1,2

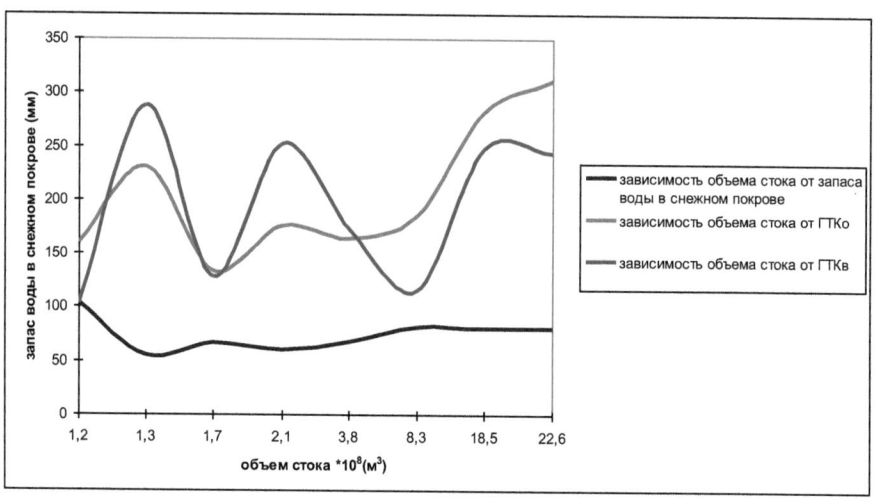

Рисунок 18 - Зависимость объема стока от влагозапаса и величин ГТКо и ГТКв вблизи села Долматово

Зависимость объема стока от запаса воды в снежном покрове оказалась не линейной, что лишний раз свидетельствует о том, что не всегда многоснежные зимы являются залогом высокого половодья.

Анализируя данный график можно сделать вывод о том, что для роста объема стока (а следовательно и для подъема уровня воды в реке и возможных разливов) необходимо увеличение хотя бы одного из параметров: влагозапаса снежного покрова, ГТКо или ГТКв. Но не следует забывать и о годах, когда в формировании половодья немалую роль играет подъем грунтовых вод.

4 Определение уровня подъема воды в период весеннего половодья

Главной целью прогнозирования наводнений является заблаговременное определение возможных зон подтопления. Наиболее опасна, с точки зрения затопления, пойма р. Ишим на участках ниже Сергеевки, где в особо опасные годы вода поднимается до 10 м и растекается в местах понижения поймы. Затопление происходит сроком от 25 до 40 дней. Как правило, половодье начинается во II декаде апреля и заканчивается в III декаде мая [9]. Для определения возможных зон подтопления необходимо знать примерный уровень подъема воды в конкретном пункте. Наиболее наглядно подобные прогнозы могут быть представлены в виде графиков.

Для построения прогностических кривых были проанализированы сведенья с гидропостов (объем стока за половодье и уровни подъема воды таблицы 27-33) и получены графические зависимости между объемом стока и уровнем подъема воды (средним и максимальным) в районе гидропоста. Подобные кривые могут быть использованы для примерного прогноза подъема уровня воды в конкретном пункте. Перед началом снеготаяния по сведеньям о влагозапасе и предполагаемому количеству весенних осадков с учетом вычисленного ранее коэффициента стока необходимо рассчитать объем стока проходящий в период половодья через исследуемый створ реки и по графику определить уровень подъема воды соответствующий этому объему стока. Графики получены для каждого гидропоста рисунки 19-24.

Таблица 27 - Объем стока и уровни воды в период половодья гидропост р.Ишим -с.Тургеневка

год	Объем стока фактический $*10^7$ (м^3)	Ср. уровень подъема воды (см)	Макс. уровень подъема воды (см)
2001	7,2	161	320
2002	5,3	151	278
2003	4,2	150	238
2004	13	170	391
2005	10,7	131	356
2006	0,8	180	170
2007	10,2	181	369
2008	4,8	153	269
2009	3,7	149	297
2010	12,7	187	388

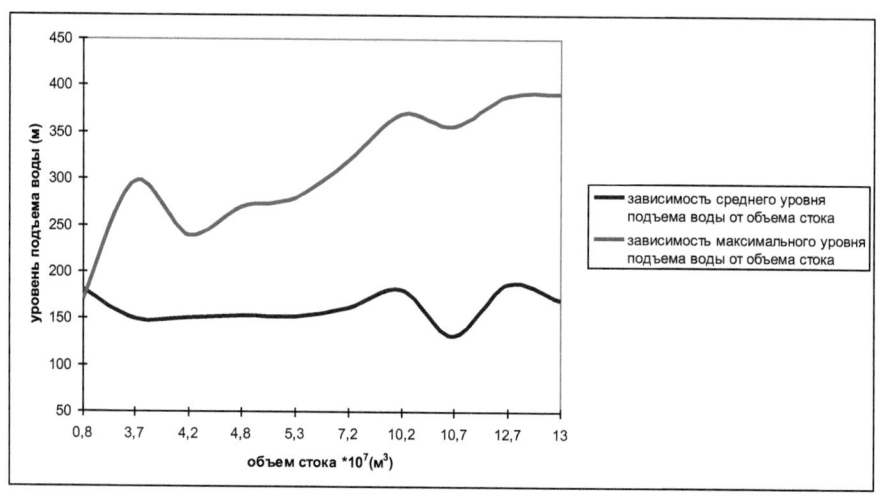

Рисунок 19- Зависимость уровня подъема воды от объема стока вблизи с.Тургеневка

Таблица 28 - Объем стока и уровни воды в период половодья гидропост р.Ишим - с. Волгодоновка

год	Объем стока фактический*10^6 (м^3)	Ср. уровень подъема воды (см)	Макс. уровень подъема воды (см)
2001	2,7	96	107
2002	83,6	154	567
2003	7,3	109	166
2004	15,7	116	215
2005	24,6	141	292
2006	2,8	92	124
2007	5,2	104	152
2008	1,7	94	104
2009	2,2	93	114
2010	42,2	123	397

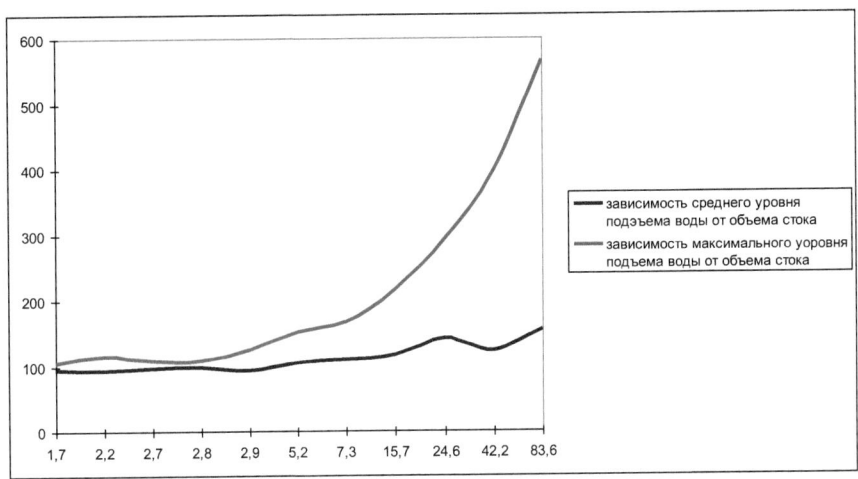

Рисунок 20 - Зависимость уровня подъема воды от объема стока вблизи с.Волгодоновка

Таблица 28 - Объем стока и уровни воды в период половодья гидропост р.Ишим - г.Астана

год	Объем стока фактический*10^7 (м^3)	Ср. уровень подъема воды (см)	Макс. уровень подъема воды (см)
2001	10,8	370	411
2002	1,7	344	735
2003	2,2	332	368
2004	1,8	371	416
2005	2,8	375	431

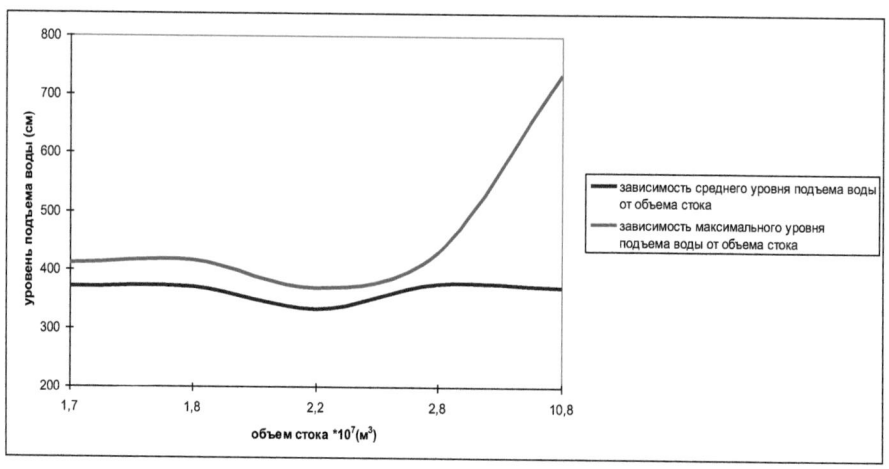

Рисунок 21 - Зависимость уровня подъема воды от объема стока вблизи г.Астана

Таблица 29 - Объем стока и уровни воды в период половодья гидропост р.Ишим - с.Каменный Карьер

год	Объем стока фактический*108 (м3)	Ср. уровень подъема воды (см)	Макс. уровень подъема воды (см)
2003	1,6	218	283
2004	4,5	303	-
2005	16,3	411	858
2006	0,5	166	193
2007	19,3	408	838
2008	1,4	215	310
2009	0,6	173	203
2010	2,5	230	353

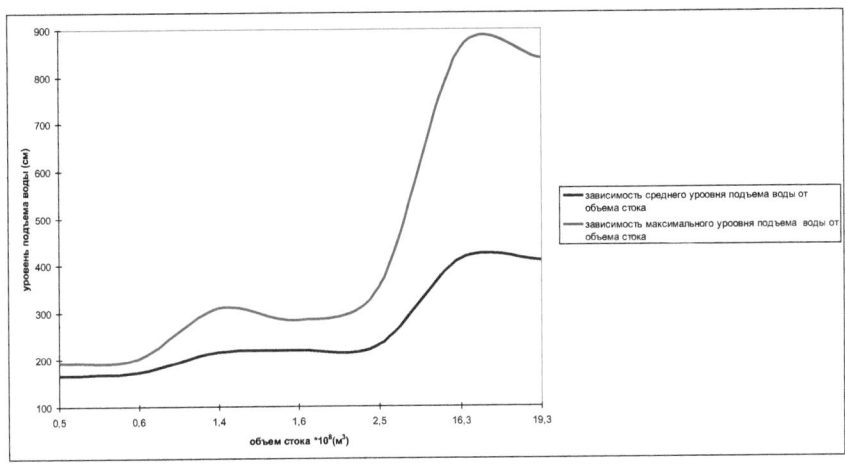

Рисунок 22 - Зависимость уровня подъема воды от объема стока вблизи
с.Каменный Карьер

Таблица 30 - Объем стока и уровни воды в период половодья в районе
гидропоста р.Ишим - с.Западное

год	Объем стока фактический $*10^8$ (м^3)	Ср. уровень подъема воды (см)	Макс. уровень подъема воды (см)
2001	-		
2002	17,4	525	669
2003	3,9	335	565
2004	9,3	404	603
2005	28,1	537	1069
2006	1,6	285	382
2007	41,7	584	1057
2008	3,4	325	500
2009	1	290	397
2010	4,3	338	544

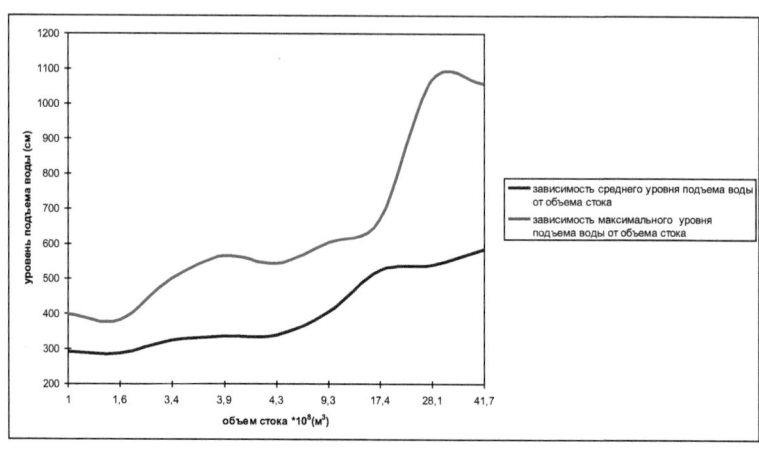

Рисунок 23 - Зависимость уровня подъема воды от объема стока вблизи с.Западное

Таблица 31 - Объем стока и уровни воды в период половодья гидропост р.Ишим - с.Покровка

год	Объем стока фактический*10^8(м^3)	Ср. уровень подъема воды (см)	Макс. уровень подъема воды (см)
2003	4,3	210	452
2004	7,4	258	733
2005	19,5	530	1230
2006	1,4	100	150
2007	33	605	1166
2008	1,6	102	200
2009	1,2	80	190
2010	1	92	156
2011	3,3	200	355
2012	5,4	250	708

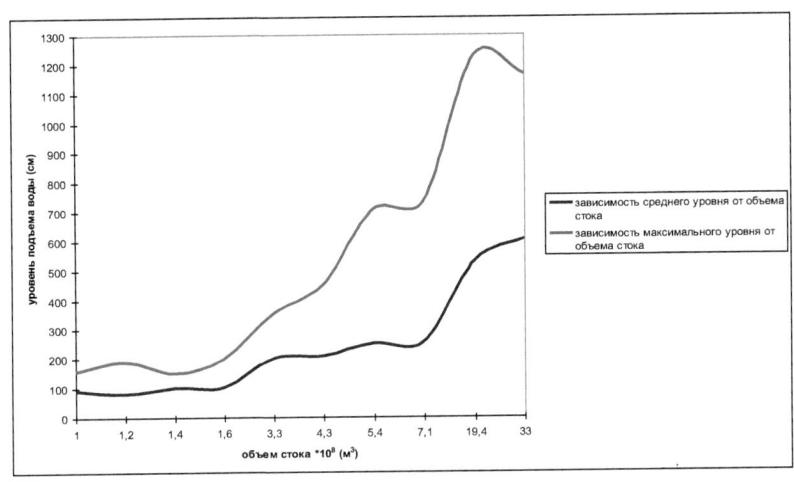

Рисунок 24 - Зависимость уровня подъема воды от объема стока вблизи с.Покровка

Таблица 32 - Объем стока и уровни воды в период половодья гидропост р.Ишим - г. Петропавловск

год	Объем стока фактический $*10^8 (м^3)$	Ср. уровень подъема воды (см)	Макс. уровень подъема воды (см)
2000	8	210	225
2001	5,6	215	250
2002	33	230	285
2003	4,5	245	295
2004	7,1	265	340
2005	24,3	330	515
2006	1,5	360	610
2007	38	375	728
2008	2,5	385	765
2009	1,3	410	860
2010	1	655	1060
2011	3,5	800	1065
2012	4,5	710	1090

45

Для гидропоста в районе села Покровка объем стока в 2013 году (по предварительным подсчетам) должен был составить $12,5*10^8$ м^3,что по графику соответствует уровню воды от 3,5 до 8 метров. В этом году большого половодья на реке не наблюдалось, уровень воды в рассматриваемом районе немного превышал 3,5 метра.

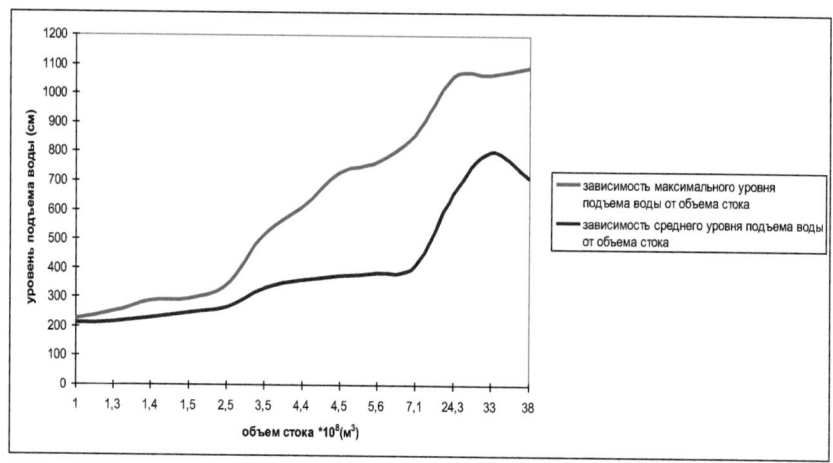

Рисунок 25 - Зависимость уровня подъема воды от объема стока вблизи г. Петропавловска

Для гидропоста в районе города Петропавловск объем стока в 2013 году (по предварительным подсчетам) должен был составить $20,5*10^8$ м^3,что по графику соответствует уровню воды от 4,5 до 8 метров. В этом году большого половодья на реке не наблюдалось, уровень воды в рассматриваемом районе немного превышал 4 метра.

Таблица 33 - Объем стока и уровни воды в период половодья гидропост р.Ишим -с.Долматово

год	Объем стока фактический $*10^8$ (м^3)	Ср. уровень подъема воды (см)	Макс. уровень подъема воды (см)
2001	-	740	990
2002	-	1235	1382
2003	3,8	652	890
2004	8,3	771	1080
2005	18,5	945	1347
2006	2,1	487	562
2007	22,6	1034	1994
2008	1,7	539	605
2009	1,3	457	566
2010	1,2	452	496

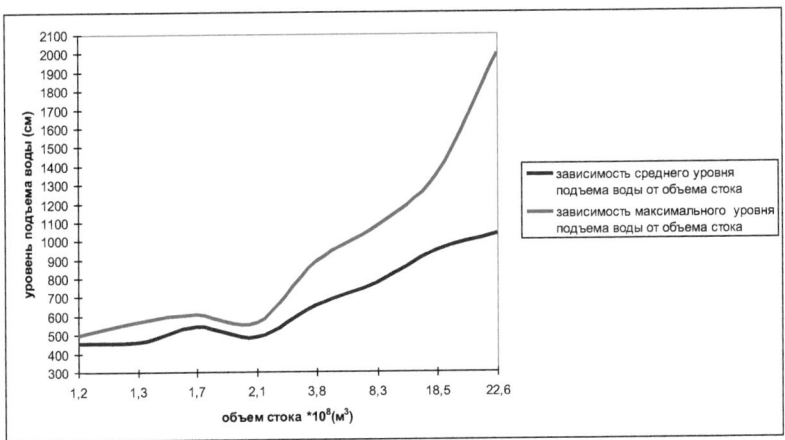

Рисунок 26- Зависимость уровня подъема воды от объема стока вблизи с.Долматово

Для гидропоста в районе с. Долматово объем стока в 2013 году (по предварительным подсчетам) должен был составить 21,5*10^8 м^3, что по графику соответствует уровню воды от 9 до 14 метров. В этом году большого половодья на реке не наблюдалось, уровень воды в рассматриваемом районе немного превышал 9 метров.

5 Мониторинг весеннего половодья реки Ишим

Не смотря на то, что в последнее время уровень в реке Ишим несколько снизился, весенние разливы продолжают наблюдаться, а следовательно остается актуальным контроль за формированием и прохождением половодья. Еще одной серьезной причиной, обуславливающей необходимость мониторинга весеннего половодья, является наличие как на самой реке так и на ее притоках гидротехнических сооружений находящихся в аварийном состоянии.

На прохождение паводковых вод по территории Северо-Казахстанской области оказывают негативное влияние Шарыкскийи Тайсаринский гидроузлы района им.Г.Мусрепова, расположенные на притоках рек Есиль, Шарык и Тайсара. Их техническое состояние оценивается как аварийное. Кроме этого на реке Есиль Есильского района заброшен Есильский гидроузел. Все затворы подняты и с момента окончания строительства не опускались. Документы на строительство и ввод гидроузла в эксплуатацию утеряны.

«Тайсаринский гидроузел с водохранилищем введен в эксплуатацию еще в 1982 году. Техническая документация и паспорт на объект утеряны. В период весеннего половодья 2008 года было полностью разрушено водосборное сооружение гидроузла. В следующий паводок не исключается возможность разрушения плотины гидроузла, что приведет к залповому сбросу воды из водохранилища и затоплению села Чистополье.

Шарыкский гидроузел с водохранилищем введен в эксплуатацию в еще 1985 году. Лотки водосбросного сооружения гидроузла практически полностью разрушены.

Разрушение подобных сооружений во время половодья может привести к развитию чрезвычайной ситуации [9].

Для мониторинга разливов рек чаще всего пользуются радарными данными, так как съемка практически не зависит ни от погоды, ни от наличия солнечного света.

Для мониторинга весеннего половодья 2013 в сотрудничестве с компанией ИТЦ Сканекс были приобретены и загружены в Геомиксер радарные снимки бассейна реки Ишим со спутника RADARSAT-2 с пространственным разрешением 5 метров. На радарных снимках местности наиболее хорошо обозначается граница суши и воды, что очень удобно для мониторинга разливов и оценки площадей затопленных территорий.

Ниже представлено сравнение водного потока на момент съёмки в период весеннего половодья 2013 года в радиодиапазоне и архивные снимки в период летней межени прошлых лет в оптическом диапазоне, в районе некоторых гидропостов (рисунок 27 -31).

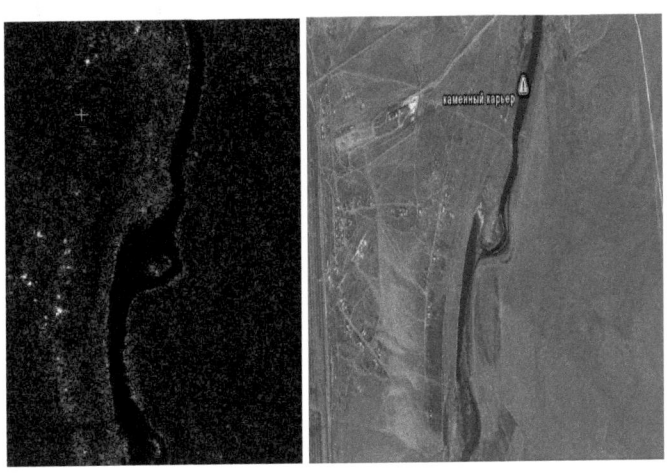

Рисунок 27 - Русло реки Ишим в районе гидропоста пункта Каменный карьер

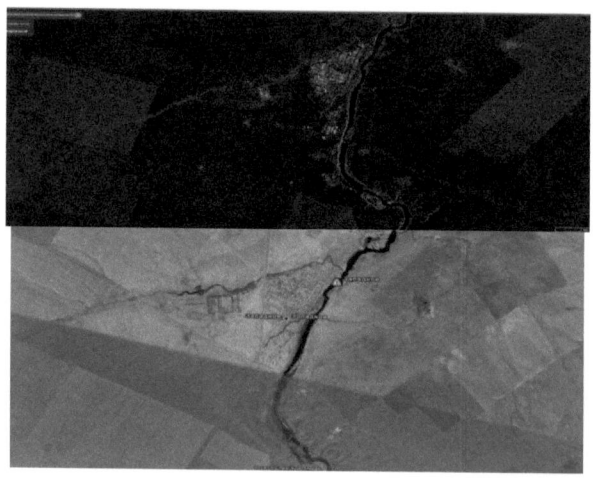

Рисунок 28 - Русло реки Ишим в районе гидропоста пункта Западное

Рисунок 29 - Русло реки Ишим в районе гидропоста пункта Покровка

Рисунок 30 - Русло реки Ишим в районе гидропоста пункта Новоникольское

Рисунок 31 - Русло реки Ишим в районе гидропоста пункта
Петропавловск

Проведя сравнительный анализ ширины потока по ключевым точкам русла, на основании данных относительно спокойного периода течения реки, было выявлено отсутствие заметного паводка по территории бассейна на момент съемки. Такой вывод хорошо соотносится с полученными статистическими прогнозами.

К следующему году для мониторинга разливов планируется использовать БПЛА, что повысит скорость получения информации. Разработанная аналитическая модель прогноза уровня подъема воды в период весеннего половодья требует доработки. После уточнения значения величины коэффициента стока точность прогнозов повысится.

Заключение

Наводнения представляют значительную угрозу для части населения Казахстана, проживающей на берегах крупных рек, таких как Иртыш, Урал, Тобол, Ишим и др. Во время схода снега объем стока этих рек резко возрастает, иногда более чем в 1000 раз. Они часто выходят из берегов и под водой оказываются большие территории [1]. Ни в настоящем, ни в ближайшем будущем предотвратить разливы целиком не представляется возможным. Своевременное предупреждение о возможных разливах позволит принять соответствующие меры по предотвращению или уменьшению возможного ущерба. Создание системы прогноза и мониторинга половодья должно обеспечить заблаговременное предупреждение о высоком уровне воды, что позволит принять меры по укреплению оградительных дамб, защите мостов, эвакуации населения и из зон затопления.

Разработанная аналитическая модель прогноза весеннего половодья на реке Ишим хорошо согласуется с результатами мониторинга космическими средствами. Для повышения точности прогноза уровней подъема воды в конкретных пунктах необходимо увеличить ряд наблюдательных данных.

Список использованных источников

1 Спивак Л.Ф., Архипкин О.П., Панкратов В.С., Шагарова Л.В, Сагатдинова Г.Н Технология мониторинга паводков и наводнений в Западном Казахстане // Институт космических исследований Министерства образования и науки Республики Казахстан (ИКИ МОН РК).

2 Материалы из Плана подготовленности Казахстана к природным катастрофам.

3 Схема комплексного использования и охраны водных ресурсов бассейна р. Есиль на территории Республики Казахстан (Обновление СКИОВР 2006 г.) Книга 2 //Алматы, 2011

4 http://www.resurs.kz

5 Ежегодные данные о режиме и ресурсах поверхностных вод суши 2000-2012г.г.//Алматы, 2001-2013 гг.

6 http://www.vuselibig.ru

7 Бузин В.А. Опасные гидрологические явления. Учебное пособие. - СПб.: изд. РГГМУ, 2008. - 228 с.

8 http://geo-site.ru/index.php/2011-01-11-14-45-02/141/796-yvlajnenie.html

9 http://chs.sko.kz/rus/news.php?news=282_1740

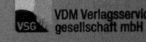

Printed by Books on Demand GmbH, Norderstedt / Germany